神奇生物世界丛书

主　编　　杨雄里
执行主编　　顾洁燕

花中西施

植物天堂大揭秘二

秦祥堃
裘树平　编著

上海科学普及出版社

序 言

你想知道"蜻蜓"是怎么"点水"的吗?"飞蛾"为什么要"扑火"?"噤若寒蝉"又是怎么一回事?

你想一窥包罗万象的动物世界,用你聪明的大脑猜一猜谁是"智多星"?谁又是"蓝精灵""火龙娃"?

在色彩斑斓的植物世界,谁是"出水芙蓉"?谁又是植物界的"吸血鬼"?树木能长得比摩天大楼还高吗?

你会不会惊讶,为什么恐爪龙的绰号叫"冷面杀手"?为什么镰刀龙的诨名是"魔鬼三指"?为什么三角龙的外号叫"愣头青"?

你会不会好奇,为什么树懒是世界上最懒的动物?为什么家猪爱到处乱拱?小比目鱼的眼睛是如何"搬家"的?

......

如果你想弄明白这些问题的真相,那么就请你翻开这套丛书,踏上神奇的生物之旅,一起去揭开生物世界的种种奥秘。

习近平总书记强调,科技创新、科学普及是实现创新发展的两翼。科普工作是国家基础教育的重要组成部分,是一项意义深远的宏大社会工程。科普读物传播科学知识、科学方法,弘扬渗透于科学内容中的科学思想和科学精神,无疑有助于开发智力,启迪思想。在我看来,以通俗、有趣、生动、幽默的形式,向广大少年儿童普及物种的知识,普及动植物的知识,使他们从小就对千姿百态的生物世界产生浓厚的兴趣,是一件迫切而又重要的事情。

"神奇生物世界丛书"是上海科学普及出版社推出的一套原创科普图书,融科学性、知识性、趣味性于一体。丛书从新的视野和新的角度,辑录了200余种多姿多彩的动植物，在确保科学准确性的前提下，以通俗易懂的语言、妙趣横生的笔触和五彩斑斓的画面，全景式地展现了生物世界的浩渺与奇妙，读来引人入胜。

丛书共由10种图书构成，来自兽类王国、鸟类天地、水族世界、爬行国度、昆虫军团、恐龙帝国和植物天堂的动植物明星逐一闪亮登场。丛书作者巧妙运用了自述的形式，让生物用特写镜头自我描述、自我剖析、自我评说、畅所欲言，充分展现自我。小读者们在阅读过程中不免喜形于色，从而会心地感到，这些动植物物种简直太可爱了，它们以各具特色的外貌和行为赢得了所有人的爱怜，它们值得我们尊重和欣赏。我想，能与五光十色的生物生活在同一片蓝天下、同一块土地上，是人类的荣幸和运气。我们要热爱地球，热爱我们赖以生存的家园，热爱这颗蓝色星球上的青山绿水，以及林林总总的动植物。

丛书关于动植物自述板块、物种档案板块的构思，与科学内容珠联璧合，是独具慧眼、别出心裁的，也是其出彩之处。这套丛书将使小读者们激发起探索自然和保护自然的热情，使他们从小建立起爱科学、学科学和用科学的意识。同时，他们会逐渐懂得，尊重与这些动植物乃至整个生物界的相互关系是人类的职责。

我热情地向全国的小学生、老师和家长们推荐这套丛书。

杨雄里

2017年7月

目　录

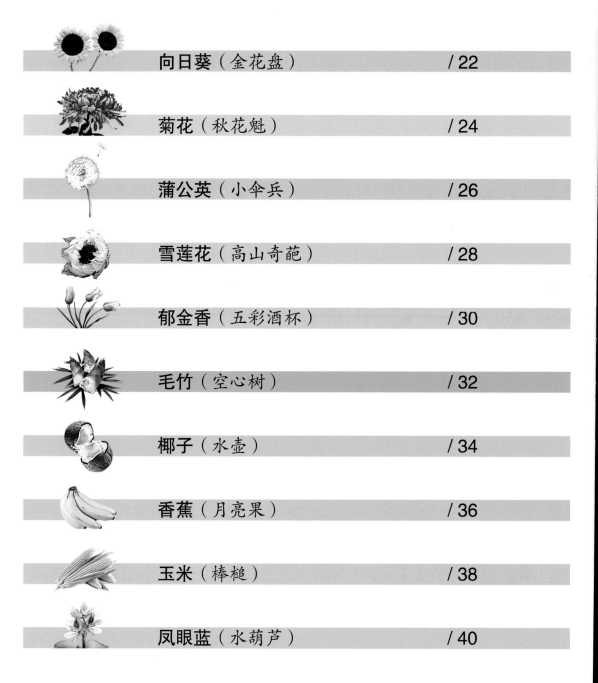

山茶花

绰号：可爱花

都说梅花是春天最早开花的树木，其实我要比它早得多。每年元旦之时我就粉墨登场了。碧绿光亮的叶丛中，一朵朵碗口大的花竞相开放，有红的、紫的、白的、黄的各色花种，甚至还有彩色斑纹的。有单瓣的还有重瓣的，花姿丰盈，中间露出金黄色的花蕊，十分漂亮，装点着节日的祥和气氛。我的花期还特别长，常常40～50天不谢，花期可从1月到4月，延续至桃花凋零之后。

我不但是中国的传统名花，也是世界名花。花朵鲜艳美丽，叶片光亮，四季常绿，是花叶俱佳的观赏花木。

金花茶

物种档案

山茶属的野生植物约280种，它们喜欢温暖湿润的气候，分布在亚洲的东部地区。其中有不少种类花型大，色泽艳丽，具有很高的观赏价值，人们习惯于把这一类植物都称为山茶花。最著名的是中国东部的山茶和云南的云南山茶，它们自古以来就是极富盛名的木本花卉，在唐宋时期已经广为栽培。17世纪引入欧洲，后又传到美洲和澳大利亚，引起世界园艺界的极大重视。经过科学管理和人工杂交，山茶花的花色、姿态变得更为丰富。常见的颜色有桃红、粉红、艳红和白色，比较稀少的有紫色、绿色及多色相串的。花朵金黄色的金花茶，则是山茶花的后起之秀，是珍贵的种质资源，1960年在广西被发现。现已被列为国家一级保护植物。以它们为基础，全世界已经培养出2 000多个园艺品种，种植于世界各地的园林中。

南 瓜

绰号：灯笼瓜

　　我的果实千姿百态，小的只有巴掌大小，几十克重，大的重达几百千克；形状有圆的、长的、扁的或葫芦形的；果皮有光滑的，有高低不平或有数条纵沟的；颜色更是丰富多彩，除了褐色之外，还有红、白、黄、绿等各种颜色，甚至还有蛇纹、网纹或波状斑纹的。但是我们都有粗壮的果梗，并且瓜蒂都扩大成喇叭状。

南瓜原产于南美洲，已有9 000年的栽培史。哥伦布将其带回欧洲，以后被葡萄牙引种到日本、印度尼西亚、菲律宾等地，明代开始进入中国。由于长期的栽培，形成了许多品种，是一种用途十分广泛的植物，有的可做蔬菜，有的作为粮食或饲料，有的可供观赏。在西方许多国家，每年10月31日的万圣节上，人们用南瓜雕空成一盏盏精美的南瓜灯笼，用它来祛邪避鬼、欢度节日。

南瓜还有两个我们熟悉的近亲。一个是西葫芦，又称"美洲南瓜"，它的瓜蒂不明显扩大，果实常用作蔬菜或饲料。另一个是笋瓜，又称"金瓜"或"印度南瓜"，它的瓜蒂不膨大。有的品种果实可作为蔬菜或饲料，有的品种用来观赏。

我通常匍匐在地上生活，有时也攀爬在主人为我准备的棚架上。枝叶粗糙，还长着有分叉的卷须。奇特的是我同时开两种不同的花，雌花和雄花，它们黄色的花冠差不多，但是雌花花冠的下面会有一只小南瓜。

万圣节南瓜

西葫芦

笋瓜

琼花

绰号：蝴蝶戏珠

　　我是一种不太常见，又很神奇的花。每年四五月间，白色的花在枝头绽放，许多花组成一个平面，如同一个大玉盆。它竟然是由两种完全不同的花组成的，八朵大花围成一圈，环绕着中间白色的珍珠似的小花。每朵大花都有五片花瓣，在微风吹拂之下，轻轻摇曳，宛若蝴蝶戏珠；又似八仙起舞，仙姿绰约。因此我又有"蝴蝶花""聚八仙"的雅号。

其实，我的那些大花中间并没有花蕊，它们不可能结果，称之为"不孕花"；小花则是完整的花，将来可结出鲜红的小果实。大花的作用是吸引昆虫来为小花传份。

绣球荚蒾

八仙花

物种档案

琼花是我国特有的名花，也是扬州市的市花。文献记载唐朝就有栽培。它以淡雅的风姿和独特的风韵，以及种种与扬州有关的浪漫色彩传说和趣闻轶事，博得了世人的厚爱和文人墨客的不绝赞赏，被称为"稀世的奇花异卉"和"中国独特的仙花"，人们把能够到扬州一睹琼花芳姿引为人生快事。

琼花是忍冬科荚蒾属的半常绿灌木。荚蒾属植物在我国有80多种，只有数种具有不孕花。琼花的寿命较长，扬州大明寺内一株清朝康熙年间种植的琼花，已有300多年的历史，如今依然繁茂，风韵不减当年。

琼花有一个变种叫"绣球荚蒾"，花序全部都是白色的不孕花，如同一个白色大绣球，俗称"绣球花""木绣球"，在国外，则被称作"中国雪球花"。因为它在欧洲有个亲戚，就叫"欧洲雪球花"。

绣球

我有很多别名："粉团""草绣球""紫阳花"……最引人注目的是我有一个大花球，花由不孕花组成，初开时白色，后来慢慢变成粉红或蓝色。我是公园里的常客，常成片栽种。

我和"绣球荚蒾"都称作绣球，我们的花球也很相像，很多人都会搞混。其实，我们还是有明显的差别的。第一，我是低矮的灌木；而"绣球荚蒾"是小树，有明显的主干；第二，我的不孕花有4片花瓣，花色丰富，有白色、蓝色、红色、紫色等多种颜色；"绣球荚蒾"的不孕花有5片花瓣，花色仅有白色；第三，我常在六七月份开花；"绣球荚蒾"常在四五月份开花。

物种档案

　　绣球是虎耳草科绣球属的植物，原产亚洲东部地区，是著名的观赏植物，世界各地都有栽培。它久经栽培，有众多的品种。它枝繁叶茂，适应性强，既能地栽于家庭院落、天井一角，也宜盆植为美化阳台和窗口增添色彩。

　　不孕花，也称不育花、中性花。是指种子植物的一种特殊的花，这种花的雌蕊和雄蕊完全退化消失，或者虽然有花蕊，但是由于发育不完全，不能长出花粉和结出果实。这种花通常是一个花序的一部分，这类花序能结实的花大都较小，不孕花则比较醒目，能起到招引昆虫来传粉的作用。常见的还有向日葵，它周围那大花瓣似的舌状花，也是不孕花。

向日葵

牵 牛

绰号：喇叭花

　　我是一种草本花卉。一条细藤缠绕在篱笆、支架上，片片绿叶中开出大大的花朵，所有的花瓣融合在一起，像漏斗，更像一支小喇叭，所以，很多人叫我"喇叭花"。

　　我的花是什么颜色？有人说是红色的，有人说是紫色的，也有人说是蓝色的，还有人说会变色的。其实这些回答都对。决定颜色的物质是"花青素"，它在不同的酸碱度下，会在红—紫—蓝的范围内变化，花的颜色也就随之变化。不同的环境条件（温度、光照、水分等），都会影响我身体内的酸碱度，如果身体偏酸性，花就显出红色；如果偏碱性，就显出蓝色；如果是中性的，那就是紫色的了。

牵牛

矮牵牛

物种档案

　　牵牛是旋花科牵牛属植物。它原产美洲热带地区，现在已经广泛分布于全世界的热带和亚热带地区，我国各地普遍栽培。除了观赏之外，它的种子是常用中药，黑色的称为"黑丑"，米黄色的称为"白丑"。

　　牵牛花约有60多种。我国常见的除了牵牛之外，还有圆叶牵牛。两者的花差别不大，只是圆叶牵牛花型稍小。最明显的差别是叶，牵牛的叶深三裂；圆叶牵牛的叶阔心脏形，全缘。牵牛的园艺品种通常也称大花牵牛。它叶柄长，叶片也较大，而且易长不规则的黄白斑块。花1~3朵腋生，花径可达10厘米或更大。花色丰富，有红、紫、蓝、白、橙、红、褐、灰以及带色纹和镶白边等深淡各色，有平瓣、皱瓣、裂瓣、重瓣等类型，品种繁多。花通常清晨开放，不到中午即萎缩凋谢。花期5~10月。

　　公园里还常见一种叫"矮牵牛"的花卉。它的花有点像牵牛，但不是爬藤的，与牵牛没有任何亲缘关系。它是一种茄科的多年生草本植物。

无花果

绰号：馒头果

　　我可并不像我的名字所说的那样，是没有花的果实。我不仅有花，而且花多得数也数不清。不信你打开我的果实，可以看到整个果实就像一个大肉包，外面是厚厚的包皮，里面有众多的突起小颗粒，那就是我躲藏起来的花朵。我的花分为雌花和雄花，而且是分居两地，包裹在两个大肉包里，相互传播花粉那就非常困难了。还好有一种叫"榕小蜂"的昆虫，喜欢从大肉包的顶端小孔中钻进钻出，不知不觉之间，就帮我完成了传粉的工作。

榕小蜂

物种档案

　　无花果是榕树的一种。全世界有榕树750多种，是热带地区数量最多的一类树木。除了无花果之外，还有我们熟悉的薜荔、菩提树、印度橡胶树等。榕树的花序称为"隐头花序"，着生花的花序梗，顶部向内凹陷，形成球形或梨形的花序托，花着生在花序托的内壁上。整个隐头花序发育成一个果实，通常称为"榕果"。

　　无花果的叶片形状像一只大大的手掌，毛茸茸的，粗糙不平。果实结在叶腋处，一个个有鸡蛋大小，梨形，成熟时暗红色或黄色。无花果原产地中海沿岸。是人类最早栽培的果树树种之一，是地中海早期文明时期的重要食品，从公元前3000年左右至今，已有近5000年的栽培历史。我国唐代即从波斯传入，是人们喜爱的水果之一。

扶 桑

绰号：长鼻花

我是四季常绿的灌木，叶子有点像桑树的叶，因此古人就给我起了扶桑这个名字，一直沿用至今。我还有一个常用的名字叫朱槿，因为我的花常常是深红色的，非常美丽。

我的花与其他植物的花不太一样，看不见雄蕊那细细的花丝和中间膨大的雌蕊，只有在五片大花瓣中间伸出一根长长的花蕊，如同大象的长鼻子，所以，我的外号叫"长鼻花"。原来，花蕊顶端那五个毛毛的小圆盘，是花柱的柱头；柱头下面黄色的小点点，就是雄蕊的花药，花丝呢，它们互相融合在一起，成为一条小管子，套在柱头外面。如果你剪断我的花蕊，就可以把花柱从管子中抽出。

物种档案

所有雄蕊合生成一根雄蕊管，在植物学上称为"单体雄蕊"。这是锦葵科植物的主要特点之一。通过它我们可以便捷地判别是否属于锦葵科植物。

扶桑是锦葵科木槿属植物。它是一种美丽的观赏花木，花大色艳，除红色外，还有粉红、橙黄、黄、粉边红心及白色等不同品种；除单瓣外，还有重瓣品种。四季开花不绝。在热带地区常露天栽培，在温带地区，盆栽扶桑也是布置节日公园、花坛、宾馆、会场及家庭养花的最好花木之一。

我国是最早栽培扶桑的国家，至少也有2 000年的栽培史，在《楚辞》中就有关于扶桑的记载。扶桑在古代就是一种受欢迎的观赏性植物，历朝历代都有描写扶桑的诗歌，文章。

扶桑也是世界名花，全世界有3 000多个品种，深受各国人民的喜爱，尤其是热带亚洲国家。它是我国广西南宁市的市花，是夏威夷的州花，也是斐济、马来西亚的国花。

木槿属植物有200多种，多数种类有着大型美丽的花朵，是主要的园林观赏花灌木，除了扶桑之外，常见的还有木芙蓉、木槿、吊灯花、蜀葵等。

木芙蓉

木槿

吊灯花

蜀葵

白玉兰

绰号：无叶花

　　我是上海市的市花。每年二三月份，当别的花木还在冬眠沉睡的时候，我就迫不及待地从毛笔头般的大花芽中绽放开来，率先报春。我的花朵直径有12~15厘米，钟状，九片大花瓣展向四方，姿态优雅。我花色似白玉、花香如兰，因此而得名。开花时还未长叶，满树洁白的大花朵在蓝天的映衬下，分外妖娆，"无叶花"的外号由此而来。

　　九十月份，我的果实长成了，肉鼓鼓的，像一根暗红色的大麻花，上面还有星星点点的"白糖"。其实，它是由一个个圆圆的小果实聚集在一起，称为"聚合果"，小果实成熟后开裂，露出一颗橙红色的种子。

二乔玉兰

物种档案

　　白玉兰是木兰科植物，自然分布于中国中部及西南地区。在我国有2 500年左右的栽培历史，是中国著名的花木。它是庭园中名贵的观赏树，也是北方早春重要的观花树木。现在世界各地均已引种栽培。

　　木兰科植物都是木本的。是植物界十分古老的家族，也是双子叶植物中最原始的类群。我国有100多种，其中有27种属于国家重点保护的珍稀濒危树木。它不但具有极高的科研价值，而且又是重要的植物资源，有重要的园林树种白玉兰、木兰、含笑、鹅掌楸等；有重要的药用植物厚朴、辛夷等。木兰科树种有一种简单的识别特征，也就是在幼枝上叶柄的基部有一圈环状托叶痕。

　　在园林中常见的还有一种玉兰属植物叫"二乔玉兰"。它的树形与白玉兰相像，也是早春先叶开花，所不同的是它的花瓣外面是紫红色的，里面是白色的。最外面3片花被片常较短，约为里面花被片的2/3。它是由白玉兰和木兰杂交培养成的园艺种。

枇 杷

绰号：金球

　　我的名字读音和乐器琵琶一样。据古书记载，就是因为我的叶形像琵琶，所以才有了这个名字。

　　我可是每年第一个上市的水果，五六月份我的果实就成熟了，黄橙橙的就像杏子一样，非常惹人喜爱。你知道为什么能这么早吗？因为我开花也特别早。每年冬天，其他果树都进入休眠期，为第二年的开花结果养精蓄锐，我却悄悄地开花了。长满锈色茸毛的小枝条顶端，开出一朵朵手指甲大小的白花。花的各个部分也是毛茸茸的，远看就像一座黄白相间的小宝塔，不注意还真辨别不出来。

物种档案

　　枇杷是蔷薇科的果树。它是四季常绿的小乔木，在我国秦岭淮河以南地区都有栽培，以江苏、福建、浙江、四川等地分布最多。日本、印度和东南亚也有栽培。它原产中国，迄今已有2000多年的栽培史，品种达200多种。果实除了食用之外，还可药用，有润肺下气，止渴的功效。枇杷叶也是一种传统的中药。

　　蔷薇科是经济价值较高的1个大科，有3 300多种，广布于全球，中国约有850多种。蔷薇科号称"花果之科"，许多著名的水果如苹果、沙果、海棠、梨、桃、李、杏、梅、樱桃、枇杷、山楂、草莓、树莓等都是它的成员；扁桃仁和杏仁是著名的干果。还有许多植物或具美丽可爱的枝叶和花朵，或具鲜艳多彩的果实，可作园林观赏用，如各种绣线菊、绣线梅、珍珠梅、蔷薇、月季、海棠、梅花、樱花、碧桃、花楸、棣棠、白鹃梅等，在世界各地的庭园绿化中占有重要的位置。

枇杷开花

杜鹃花

绰号：花中西施

我是开花的小树，却有一个动物的名称。原来，古人发现，每当我盛开的时候，恰恰也是杜鹃鸟啼鸣的时候，因此才赋予我这个特殊的名字。

我的花常常好几朵聚集在枝头，有时会形成一个小花球，颜色有红的、紫的、黄的、白的以及杂色的。花的5片花瓣在下部合在一起形成短管子，上部各自分离向外展开。10根细长的花丝和1根稍粗一点的花柱伸出花冠之外。花谢之后，花柱不掉落，长圆形的小果实上面有一条长长的花柱，这也是认识我的显著标志。

物种档案

  杜鹃花是杜鹃花科杜鹃花属所有植物的统称，约有900种。主要原产于北温带，中国约有500多种，除新疆外南北各省区均有分布，尤以云南、西藏和四川种类最多，是杜鹃花属的世界分布中心。

  杜鹃花的中文名称源于我国南方和西南广泛分布的杜鹃，又称"映山红"。它是一种常见的野生植物。因其花开时映得满山红遍，像彩霞绕林，被白居易誉为"花中西施"。它是一种落叶灌木，分枝多而纤细。先开花后长叶，花冠漏斗形，玫瑰色、鲜红色或暗红色，花瓣裂片具有深红色的斑点。叶片常常集中生于枝端，枝叶都有毛。

  杜鹃花种类极富变化，花和叶都很美丽。被引种栽培的已不下600种，遍及世界许多国家。由于杜鹃属植物在自然界杂交现象普遍，因此大量的园艺杂交种不断涌现，其观赏价值胜于野生种。所以现在园林里见到的杜鹃花基本上都是园艺品种。

向日葵

绰号：金花盘

因为我的幼嫩花盘会跟着太阳转动，所以才有了这个名字。

很多人都赞叹我有一朵大花，其实，我的大花盘不是一朵花，而是成百上千朵小花聚集在一起形成的"头状花序"。外周黄色的"花瓣"，每一瓣就是一朵花，科学家叫它"舌状花"；中间挤在一起的叫"管状花"，如果把它挑出来就能看到，它们的形状就像一根根细瘦的管子。再仔细观察，幼小的葵花子不是像其他花朵那样，生长在花朵里面，而是长在花朵的下面。花朵的这种形态和着生方式，是我们菊科大家族共有的。

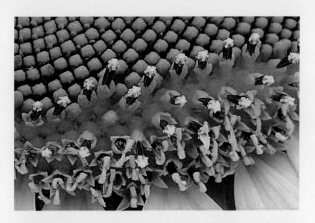

菊芋

物种档案

向日葵是菊科植物，分布于美洲。西班牙人于1510年从北美带到欧洲，明朝时传入中国，现世界各地都有栽培。它是俄罗斯、秘鲁和玻利维亚的国花。

向日葵的品种依据用途不同，可分为观赏品种、食用品种及油用品种。我国常见的与向日葵关系最近的植物是菊芋，它的块茎是一种味美的蔬菜并可加工制成酱菜；另外还可制菊糖及酒精，菊糖是治疗糖尿病的良药，也是一种有价值的工业原料。

菊科是被子植物的五大科之一，约有25 000～30 000种，广布于全世界。我国约有2 000多种，产于全国各地。它们的共同特征是头状花序，有舌状花和管状花两种花型，花瓣合生，子房下位。

菊科许多种类具于经济价值，如莴苣、茼蒿等作蔬菜；向日葵的种子可榨油；除虫菊为著名的杀虫剂；泽兰、紫菀、菌陈蒿、艾、白术、苍术等为重要的药用植物；菊、大丽菊等许多种类是重要的观赏植物。

菊 花

绰号：秋花魁

　　我的名字可谓无人不知，自古就是中国的名花。我的祖先长在中国，它的头状花序，和其他的菊科植物差不多，外周是黄色的舌状花，中间是黄色的管状花。但是在长期的栽培后，我的颜色变得丰富多彩，有红、黄、白、紫、绿、粉红、复色、间色……花的形态更是变化巨大，有的舌状花变成了管状，而有的管状花却变成了舌状。平直的、上举的、下垂的、外展的、内卷的，花式繁多，有上万个栽培品种。不过，我的茎叶大致相同，叶有3~7个大裂片，下面被白色短柔毛覆盖。花期也相同，都在秋天开花。

物种档案

　　菊花约有30种，主要分布在东亚地区。我国有17种。常见的有野菊，它也是菊花的主要亲本之一。

　　菊花是中国十大名花之一，已经有三千多年的栽培历史。唐宋时期，菊花经朝鲜传入日本。17世纪传到欧洲，然后再传至美洲。如今世界各地都有栽培。

　　中国人极爱菊花，从宋朝起民间就有一年一度的菊花盛会，如今每年的菊花展也是各地的保留节目。中国历代诗人画家，以菊花为题材吟诗作画众多，因而给我们留下了大量文学艺术作品。

　　菊花是最重要的观赏花卉之一，广泛用于花坛、地被、盆花和切花等。此外，还培养出了一些特殊用途的菊花。药用菊主要有黄菊和白菊，是常用的中药材；茶用菊经窨制后，可与茶叶混用，亦可单独饮用；食用菊主要作为酒宴汤类、火锅的名贵配料，流行于我国南方。

蒲公英

绰号：小伞兵

可能没有人不认识我，尤其是那个毛茸茸的果球，相信每个人都吹过。一只小手摘下它，小心翼翼地举到嘴边，扑哧一下，那些绒毛就像小伞一样，晃悠悠地飘荡在空中了。仔细看看小伞，挂在下面的那个褐色的小棍，是我的果实，上面有长长的喙，喙的顶端有十来根细毛组成的降落伞。靠着风力，我的果实可以飘到很远的地方去孕育新的生命。

我没有明显的地上茎，几片叶子在地上围成一圈。叶子边缘常有高高低低的裂口，如果折断一片叶子，可以看到像牛奶一样的白色液体从折断处冒出来。

物种档案

　　蒲公英是一种常见的小草，它在我国的大部分地区都能看到。每年春天，在叶丛中长出一条长长的花梗，上面有一个黄色的头状花序，头状花序全由舌状花组成。十来天后，每一朵舌状花就结成了一颗小果实，它们在花梗的顶部集成一个圆溜溜的果球来。蒲公英会不断地开花，不断地结果，一直到秋天。

　　蒲公英是一种常用的中药材，我们的祖先很早就用它来治病了；同时它也是一种野菜，很多人都喜欢它那独特的风味。

　　像蒲公英这样头状花序全部由舌状花组成，身体有乳汁的植物，在菊科植物中是一个特殊的类群，它们大都是小型的草本。我们熟悉的蔬菜莴苣，也是这个类群的成员。

雪莲花

绰号：高山奇葩

　　我的个子不高，只有15～30厘米，但是有非常醒目的美丽花朵。十多张丝绸般的黄白色大苞叶，好像一片片大花瓣，紧紧地保护着藏在中央的紫红色鲜花。整个儿看上去就像水中的大荷花。

　　我生活在冰天雪地的高寒山区，一般的植物很难生长，而我却练就了一套出色的抗寒本领，人称"高山奇葩"。我的种子在0℃就能发芽生长，幼苗能经受-21℃的严寒；我身材矮小，全身好像贴在地面上生长，这样就能抵抗高山上的狂风；苞叶不仅能吸引昆虫传粉，还能保护幼嫩的花朵。

物种档案

　　雪莲花是国家二级保护植物，产于我国新疆天山以及俄罗斯和哈萨克斯坦。生于海拔2 400～3 470米的山坡、山谷、石缝、水边、草甸。雪莲花生长缓慢，从种子萌发到抽苔开花生长期需6～8年，最后一年七月到八月开花。

　　雪莲花类的植物约有23种；我国有18种。主要分布在青藏高原及西北地区。我们通常把其中5～8种外形与雪莲花类似的种类，都泛称为雪莲花。

　　雪莲花是传统的名贵中药材，西藏产的雪莲花也是重要的藏药。由于需要量的增加，野生的雪莲花已经不能满足需要，我国于2004年起在天山池人工种植雪莲，已经有部分雪莲开花，有望开辟取代野生雪莲供给药品市场需求的新渠道。

郁金香

绰号：五彩酒杯

　　不管是养花爱好者还是普通人，几乎人人都知道我，也都喜欢我。因为在花卉大家族中，我具有非常独特的造型和艳丽的色彩。平时，我就像普通的小草本植物，不被人注意，但是到了春天，我会抽出一根长长的花茎，然后在花茎顶端绽放出美丽的花朵。虽然一株植物只开一朵花，但我的花朵有不少鲜艳的大花瓣，它们"手拉手"围在一起，连带着细长的花茎，就像一个鲜艳漂亮的高脚酒杯。

　　我们的花朵颜色姹紫嫣红、五彩缤纷，但最珍贵的要数紫黑色郁金香，由于黑色的花朵极为罕见，所以，黑郁金香就显得格外珍贵了。

兰花　　　　　君子兰　　　　水仙花

物种档案

植物中有一个大类叫单子叶植物，郁金香就是其中之一。在单子叶植物大家族中，观赏花卉的成员还真不少。

兰花是最优雅的观赏植物，它没有浓烈的香味，没有鲜艳夺目的大花朵，但是，如果在房间里放一盆开放的兰花，整间屋子就会充满淡雅的花香，而且经久不散。

很多人以为君子兰和兰花一样，属于兰科植物。其实君子兰与水仙花有很近的亲缘关系，都属于石蒜科植物。君子兰的叶片宽大肥厚，很有规律地左右生长，而且排列非常整齐。幼小的君子兰要过五六年之后才能开花，一株植物一次能开十几朵，好像十几把橘红色的小伞在墨绿色的叶片上绽放，非常美丽娇艳。

水仙花号称"凌波仙子"，是一种多年生的草本花卉。它有一个肥大的鳞茎，模样和洋葱头差不多，俗称"水仙头"。到了深秋季节，水仙头内先长出细长扁平的绿叶，接着抽出筷子般长短的花茎，最后绽放出一簇花朵。水仙花的白色花瓣，配上中央金黄色的变形花冠，仿佛小玉盘托着一个黄金酒盏，所以常常被人戏称"金盏玉台"。

毛 竹

绰号：空心树

我是竹子家族中的高个子，通常身高都超过10米，茎干笔直挺拔，射向云天。我的茎干与众不同，其他树木的树干通常有树皮包裹，表面显得很粗糙，颜色也比较灰暗，而我的茎干却是光溜溜的，而且是明亮的绿色。如果透过表面往里看，还会发现更大的不同，那就是其他树木的树干是实心的，而我的茎干里面完全空心，用棍子敲几下，会发出"空空空"的声音，所以有人就给我起了一个"空心树"的绰号。

最后再告诉大家一个小秘密，我们竹子是只会长高，不会长粗的植物。

佛肚竹

方竹

物种档案

不仅是毛竹，所有的竹子都有一个共同特征，那就是一生只开一次花，一旦开花结果之后，它们的叶片就开始枯萎，整株植物也就死去了。所以，以前有人将竹子开花当成一种不吉利的象征，其实，这只不过是它们的特殊生理现象。

既然竹子一生只开一次花，那么，每年的新竹子是怎样长出来的呢？原来，竹子除了有直立向上的地面茎干，在地下还有地下茎，人们常常把竹子的地下茎称为"竹鞭"。竹鞭在地下蔓延穿行，到了初春季节，竹鞭上的嫩芽开始不断生长，最后一个个破土而出，称为竹笋。竹笋的生长速度非常惊人，尤其在下雨之后，地下土壤变得足够湿润，毛竹的笋在一昼夜竟然能长高1米！

全世界的竹类植物有1 200多种，我国约有300种。在这个竹类大家族中，各种竹子的形状千奇百怪。在一般人眼中，竹子的茎干都应该是圆的，但有一种方竹却恰恰是方形的茎干。在南方，有一种竹子的茎干很特别，上面细，下面粗，粗壮的部分向外凸出，滑溜溜的，活像弥勒佛挺着大肚子，因此人们叫它"佛肚竹"。

椰 子

绰号：水壶

　　我是热带的常绿乔木，树干笔直向上，四周没有分枝，只是到了顶端才绽放出一大蓬绿叶，形状好像四下散开的巨大绿色羽毛。我的果实像一只只小足球，挂在高高的树冠上，果实表面光滑，里面是一层厚厚的纤维，再往里有一个硬壳，硬壳内是空心的，装满了甘甜的椰子汁，所以有人把我的果实称为"装满果汁的水壶"。

　　我不仅爱生长在大海边，而且喜欢将身体朝大海倾斜，这是为什么呢？原来，当我的果实成熟后，会自动落到海面上，然后随着海水漂流到远方，一旦被冲上海滩后，很容易萌发生长出新的一代。

物种档案

　　椰子的全身都是宝，椰子汁是人人爱喝的天然饮料，椰子壳能做出各种工艺品，生长在椰壳内壁的椰肉更是好东西，例如，我们常吃的椰子糖、椰蓉月饼、椰丝蛋糕等，都少不了它。

　　椰子属于棕榈科家族成员，在这个家族中，还有不少我们熟悉的种类。其中最常见的要数棕榈树了。棕榈树和椰子树的区别是，前者叶片好像摊开的绿色大手掌，而且，它的果实也很小，不能作为水果食用。但是，棕榈树对各种气候的适应能力很强，因此，栽种棕榈树的地方越来越多，尤其在江南气候温暖的城市中，它已经是一种非常重要的园林树木。

　　油棕的体形很像棕榈树，最大的特点是能结出一个个"大圆球"，每个大圆球由无数鸡蛋般的小圆球组成，而小圆球周围都被油包裹。一株油棕一年能够榨出15～20千克的棕榈油！因此，它不仅成为了油料作物中的一员，而且还获得了"世界油王"的美称。

　　在棕榈科植物中，我们熟悉的还有槟榔、海枣、棕竹、蒲葵、刺葵等。

棕榈树

油棕

香蕉

绰号：月亮果

因为我的果实像一串弯弯的金月亮，所以有些当地人就叫我"月亮果"。我的果实不仅好看，而且味道又甜又糯，成为最受人喜爱的水果之一。

也许有人会问，香蕉的果实内为什么没有籽？其实在很久以前，我们野生香蕉都有籽，而且隐藏在果肉中，有点像火龙果肉的黑点差不多，很难与果肉分开，吃起来很麻烦。后来，人类经过一系列方法，终于培育出了现在这种无籽的香蕉。也许有人会问，香蕉没有了种子，怎么繁殖后代呢？原来，我们有地下茎，能够萌发出幼芽，每个幼芽又能长成一棵植株。

芭蕉

旅人蕉

物种档案

香蕉属于芭蕉科植物，这个科的植物一共有60多种，它们中有些能结出甘甜的水果，例如香蕉的"姐妹果"——芭蕉，它和香蕉的最大区别是，果实比较短小，而且笔直，没有弯曲的弧度。

除此以外，芭蕉科中还有很多造型优美的观赏植物，其中旅人蕉就是典型的代表。旅人蕉生活在非洲炎热的荒漠地带，它的叶子又粗又长，每一片足有两三米。有趣的是，这些叶子都长在树顶上，整整齐齐地排成一个平面，既像一把巨大的扇子，又像绿色的孔雀在开屏，在茫茫的荒漠中非常显眼。在旅人蕉粗大的叶柄内藏着很多水分，只要把叶柄划开一个小口子，或者钻个小洞，就会有甘甜清凉的汁水不断流出。对旅行者来说，如果在荒漠中旅行，只要见到了旅人蕉，就等于遇上了一个天然茶水供应站，可以放下行装，好好休息一番。坐在宽大的旅人蕉叶片下遮阴乘凉，再喝上几口清凉可口的旅人蕉汁液，那种感觉真是太舒服了。

玉 米

绰号：棒槌

　　我有很多名字，北方人叫我包谷，南方人叫我珍珠米，但不管在哪里，我都是重要的粮食作物。我有粗壮的茎秆，上面有一个个的节，但全身上下都被叶片基部紧紧包裹，所以不容易被看见。我的花分两种，一种是雄花，长在茎秆顶端，好像一蓬松散的穗，每一蓬花穗上都有千千万万朵小雄花。另一种是雌花，长在叶片包裹茎秆的地方，以后，果实也是从这里长出来的。

　　我的果实像一个个棒槌，外面包着好多层"衣服"，顶端还有一蓬"胡须"，剥开"衣服"后，就能见到一排排玉米粒，那就是可以吃的部分了。

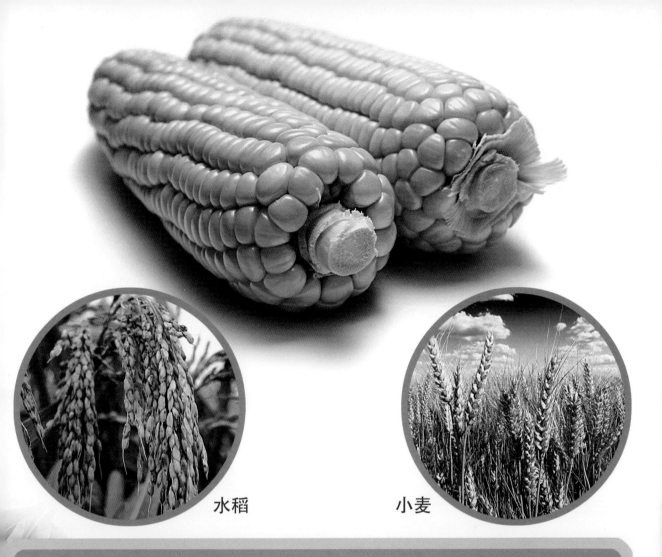

水稻　　　　　　　　　　　小麦

物种档案

　　玉米的老家在南美洲，400多年前传到中国，它和小麦、水稻一样，现在已成为不可缺少的粮食作物。很多年来，经过科学家的不懈努力，已经培育出很多玉米新品种。它们中有的产量特别高，有的带有甜味，还有的能像水果那样，不用煮就可以生吃。

　　粮食作物中另一个重要成员是水稻。水稻的一生都在水中度过，从秧苗到种子成熟的几个月中，一直需要有水陪伴。成熟后的水稻，一串串的稻穗由青绿色变为金黄色，每一个谷穗有几十粒谷子，去掉谷子的外壳之后，就成为我们大家熟悉的大米。现在，地球上有一半人以大米饭为主食，尤其是我们中国和大部分亚洲国家，一日三餐更是离不开米饭。

　　和水稻体形相似的粮食作物是小麦，但小麦的麦穗挺立向上，不会下垂，而且也不像水稻那样生长在水中。小麦成熟后的种子是麦粒，去掉外面的麸皮之后，研磨后成为白色的面粉，能用来做面包、面条、蛋糕等各种食物。

凤眼蓝

绰号：水葫芦

我的家在河流中，是一种很常见的水生植物。我的叶片形状很特别，叶柄的下半段突然"发胖"，鼓鼓囊囊的，看起来像一只只绿色小葫芦，因为叶片都浮在水面上，所以大家喜欢管我叫"水葫芦"。在这段胖鼓鼓的叶柄里全是像海绵一样的雪白物质，可以容纳大量的空气，正因为这样，我才能在水面上自由自在地漂浮。

在水下，我有很多又长又密的根，它的最大作用是改善富营养化的水质，也就是说，能将水中的大量的营养物质吸收进去，快速转化成绿色植株体，成为有用的动物饲料和有机绿肥。

物种档案

　　凤眼蓝的老家在南美洲，由于它具有改善水质和生长迅速的特点，很多国家都将它引入到本地水域中。但是，他们都忽视了凤眼蓝的超级生长能力，一些原来只有几株凤眼蓝的池塘，一年之后，水面上竟然挤满了凤眼蓝，所以，它又被人们誉为"水生植物生长之王"。植物学家曾经对它进行了繁殖力统计，获得的结果令人震惊：10株小的凤眼蓝，在不受到意外干扰的情况下，以正常速度繁殖后代，一年之内，将可增加到60万株！

　　物极必反，好东西如果无节制的大量增加，也会带来灾难，美国就是深受其害的国家之一。100多年前，有人见凤眼蓝的花朵美丽娇艳，于是将幼苗带回放养在自家小池塘，美化小环境，后来渐渐扩展到江河水面。想不到仅仅过了十几年，这位美国的"新居民"竟然成了难以控制的水中恶魔。大量繁殖的凤眼蓝结成厚厚的水上浮垫，将河道堵塞、河面封盖，水中的鱼类因为缺少氧气而纷纷死去。后来，美国动用军队和全体国民"消灭"凤眼蓝，灾情才得以控制。

图书在版编目（CIP）数据

花中西施：植物天堂大揭秘二 / 秦祥堃编著. — 上海：上海科学普及出版社, 2017
（神奇生物世界丛书 / 杨雄里主编）
ISBN 978-7-5427-6953-4

Ⅰ.①花… Ⅱ.①秦… Ⅲ.①杜鹃花科－普及读物 Ⅳ.①Q949.783.5-49

中国版本图书馆CIP数据核字（2017）第 165789 号

策　　划	蒋惠雍
责任编辑	柴日奕
整体设计	费　嘉　蒋祖冲

神奇生物世界丛书
花中西施：植物天堂大揭秘二
秦祥堃　裘树平　编著
上海科学普及出版社出版发行
（上海中山北路832号　邮政编码 200070）
http：//www.pspsh.com

各地新华书店经销　　上海丽佳制版印刷有限公司印刷
开本　787×1092　1/16　印张 3　字数 30 000
2017年7月第1版　2017年7月第1次印刷

ISBN 978-7-5427-6953-4
定价：42.00元
本书如有缺页、错装或损坏等严重质量问题
请向出版社联系调换
联系电话：021-66613542